水禽常见疫病诊断图谱

孙敏华　万春和　李林林　等　著

中国农业科学技术出版社

图书在版编目（CIP）数据

水禽常见疫病诊断图谱 / 孙敏华等著. -- 北京：中国农业科学技术出版社，2024. 9. -- ISBN 978-7-5116-7006-9

Ⅰ. S858.3-64

中国国家版本馆CIP数据核字第2024LY1295号

责任编辑 李　华
责任校对 李向荣
责任印制 姜义伟　王思文

出 版 者 中国农业科学技术出版社
北京市中关村南大街 12 号　　邮编：100081
电　　话（010）82109708（编辑室）（010）82106624（发行部）
（010）82109709（读者服务部）
网　　址 https: // castp.caas.cn
经 销 者 各地新华书店
印 刷 者 北京地大彩印有限公司
开　　本 148 mm × 210 mm　1/32
印　　张 2.25
字　　数 67 千字
版　　次 2024 年 9 月第 1 版　　2024 年 9 月第 1 次印刷
定　　价 39.80 元

《水禽常见疫病诊断图谱》

著者名单

主　著　孙敏华（广东省农业科学院动物卫生研究所）

万春和（福建省农业科学院畜牧兽医研究所）

李林林（广东省农业科学院动物卫生研究所）

参　著（按姓氏拼音排序）

陈妍召（佛山市今丰动物门诊有限公司）

董嘉文（广东省农业科学院动物卫生研究所）

黄允真（广东省农业科学院动物卫生研究所）

邝瑞欢（广东省农业科学院动物卫生研究所）

李　昂（清新区金羽丰养殖服务部）

梁昭平（广东省华晟生物技术有限公司）

向　勇（广东省农业科学院动物卫生研究所）

许芬芬（广东省华晟生物技术有限公司）

袁远华（佛山市今丰动物门诊有限公司）

张　草（佛山市今丰动物门诊有限公司）

张俊勤（广东省农业科学院动物卫生研究所）

前言

我国水禽年出栏量约40亿只，约占世界水禽总量的80%。随着养殖量的增加，种苗的引进与交流，疫病成为当前养殖业面临的一大顽疾。

随着诊断技术的发展，水禽疫病呈增多趋势，表现为新发疫病不断出现、老病呈现新症状、感染新宿主、突破日龄限制等，给临床一线疾病防控带来了新挑战。因此，整理水禽常见疫病的诊断图谱并简要描述发病特点和防控方法，这将有助于为养殖从业者提供有益参考，普及和提高水禽疫病防控技术。

本书的出版得到了广东省动物疫病野外科学观测研究站项目（2021B1212050021）、广东省畜禽疫病防治研究重点实验室项目（2023B1212060040）、广东省农业科学院优秀博士人才引进项目（R2023YJ-YB2001）和2021年度增城区创业领军团队项目（202101001）的资助，在此表示衷心感谢！

由于编者水平有限，本书难免会出现疏漏和不足，恳请广大读者批评指正。

著　者

2024年7月

常见鹅病

常见鸭病

常见鹅病

一

一

鹅高致病性禽流感

病原：高致病性禽流感是由H5或H7亚型禽流感病毒引起的一种急性传染病，鹅群的病原通常是指H5亚型禽流感病毒。

常发季节和日龄：该病一年四季都有可能发生，但以冬、春季最常见。夏季也时常发生，秋季的发病率会出现明显增高趋势。各日龄鹅都可能发生，这和抗体水平有显著相关性。母源抗体水平不高的雏鹅，以10～15日龄多见，死亡率可高达50%；15日龄首次免疫疫苗的鹅群则以30～40日龄多发，死亡率常为10%～20%；只免疫一次的鹅群则通常在应激和转栏后发生，多为50日龄左右，死亡率常为10%～20%；免疫两次疫苗的鹅群则通常在70～80日龄发生，死亡率常为10%～20%；未免疫的种鹅或者间隔半年未加强免疫的种鹅发病后死亡率常为30%～50%。

临床症状：主要表现为体温升高，精神委顿，毛松，扎堆，食欲减少，呼吸困难，眼眶湿润，不愿走动；病鹅食欲下降明显甚至废绝，常排绿色或黄白色稀便；部分病鹅因高热出现蓝眼，伴有扭头等神经症状。

传播途径： 该病可通过病禽与健康禽直接接触传播，也可通过病毒污染物或气溶胶间接接触传播。病毒可随眼、口、鼻分泌物及粪便排出体外，受污染的任何物体均可机械性传播（尤其需要关注空气、水、笼具、运输车辆、昆虫以及鸟类）。该病常见的传播方式是运输车辆及笼具、引入带病禽以及空气传播，此外通过带病毒的禽产品流通进行传播也不容忽视。

典型剖检病变： 皮下出血；心肌出血、白色条纹状坏死；肺脏水肿、淤血；肝脏出血或黄色坏死斑；胰腺出现白色或透明坏死灶、偶见出血；十二指肠黏膜出血；种禽卵巢、卵泡充血。

易混淆疾病： 该病易与禽出败、坦布苏病毒病混淆。禽出败常见心冠脂肪出血、腹部脂肪出血、肝脏肿大且有白色针尖样坏死点，但高致病性禽流感通常不会出现。坦布苏病毒病常见胰脏白色点状坏死，高致病性禽流感发病后的胰脏通常伴有透明和粟米大小白色坏死点。

防治措施： 使用国家批准的最新高致病性禽流感油乳剂灭活苗进行预防。免疫时，仔鹅阶段根据饲养周期应进行2～3次免疫注射，确保在15天左右首免，二免在30～35天。种鹅产蛋前15～30天进行加强免疫，但需要使用增强免疫力的中药或免疫增强剂，以免出现零星死亡。一般每3个月加强免疫一次，种鹅可在产蛋间隔期加强免疫。建议养殖公司加强抗体监测，选择合理的免疫程序。

禽流感目前没有有效的治疗方法，常规抗病毒中药可以减轻症状，抗生素只能控制并发或继发的细菌感染，对病毒没有效果。一旦发现高致病性禽流感疑似病例，应立即封锁现场，上报农业主管部门。

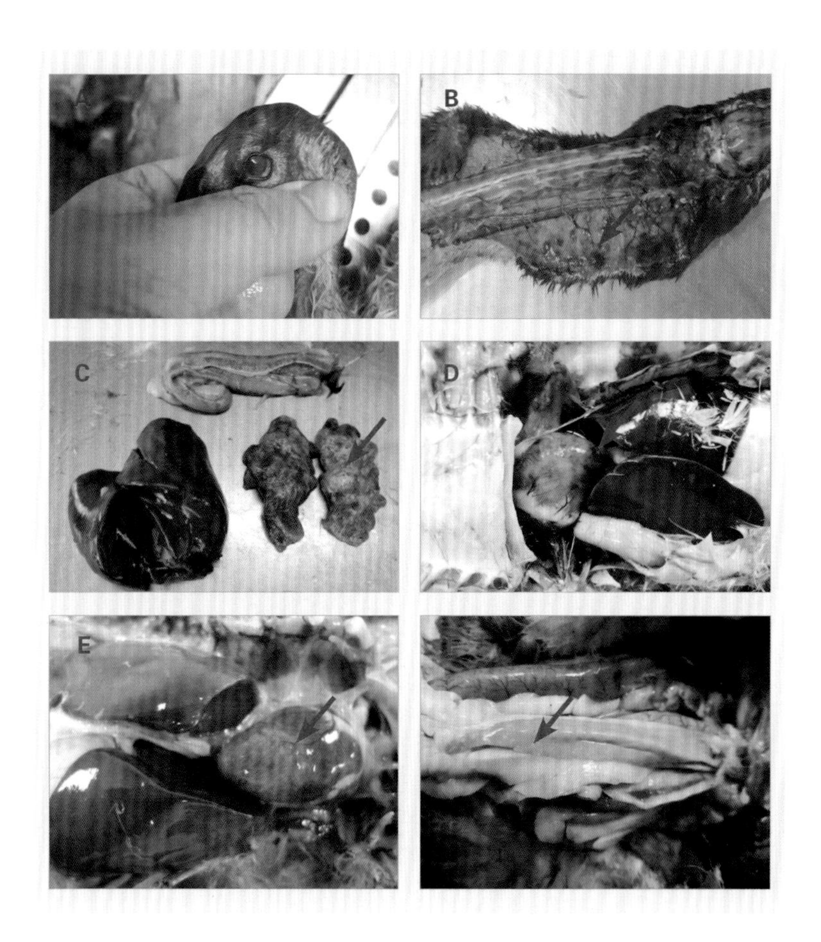

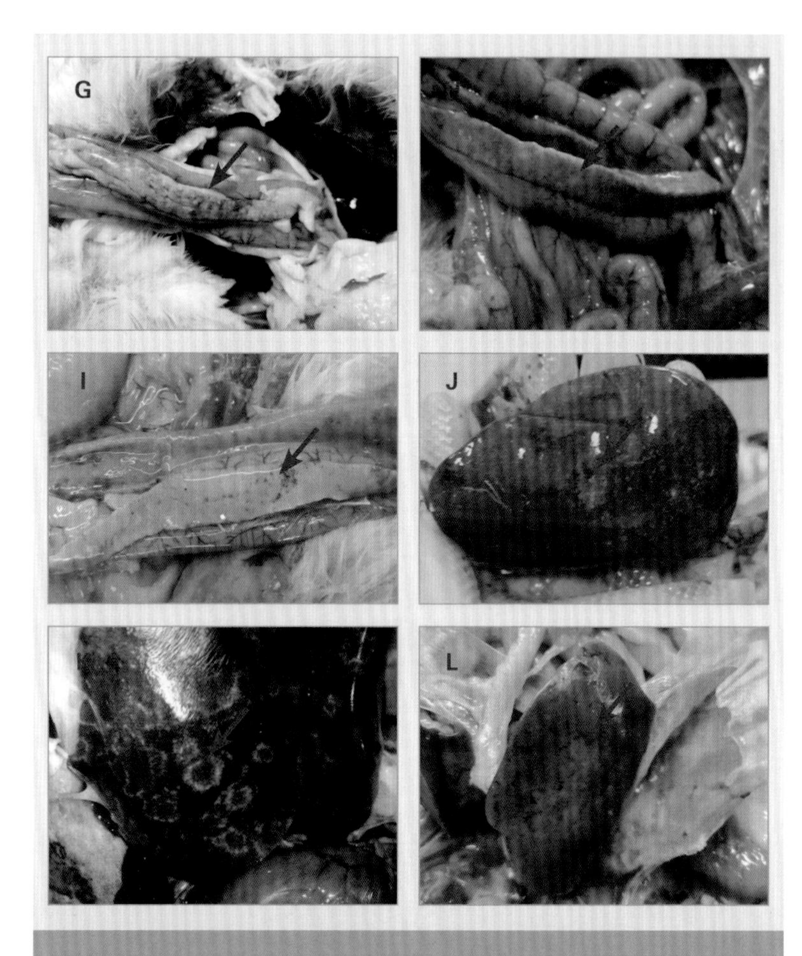

鹅高致病性禽流感

（A：鹅“蓝眼”；B：鹅胸腺出血；C：肺部出血、渗出；D：心脏表面出血；E：心肌条纹坏死；F：胰腺大量白色坏死灶；G：胰腺出血，伴有白色坏死灶；H：胰腺充血、白色坏死；I：胰腺出血；J：肝脏白色斑块坏死；K：肝脏不规则黄色斑块坏死；L：肝脏不规则条状出血）

二

鹅痛风（鹅星状病毒感染）

病原：由鹅星状病毒引起的一种以内脏、关节、肌肉和心肝被膜表面等全身性白色尿酸盐沉积为主要症状和剖检变化的急性传染病。

常发季节和日龄：该病一年四季都有可能发生。最初多见于临近春节的冬季，随后夏季也时有发生。气温低、保温不足、鹅饮水量减少时，该病发生频率明显增高。起初该病仅发生于20日龄内雏鹅，随着疾病的流行，各日龄鹅都可能发生，甚至孵化后期的死胚、3～5日龄雏鹅、50日龄以上肉鹅、产蛋期的种鹅都能见到典型痛风症状。该病自然发生的死亡率通常不超过50%，多数集中在20%～30%。

临床症状：该病潜伏期一般3～5天，主要表现为精神委顿、扎堆、食欲降低；病鹅初期行动迟缓、不愿走动、趴卧，伴随体温下降。一旦出现趴卧或扎堆，多数会在24小时内死亡。感染3～7天，常排白色稀便，严重者粪便全部呈白色稀糊状。

传播途径：该病主要通过“粪—口”途径传播。病禽与健康禽通过直接接触传播，也可通过病毒污染物间接接触传播。病毒可随口、鼻分泌物及粪便排出体外，受污染的物体均可机械性传播，且该病毒对一定范围的温度变化不太敏感，传播能力较强。

典型剖检病变：肾脏、皮下、全身肌肉、关节、心包膜、肝包膜、气囊、胆囊出现白色颗粒样、片状或广泛覆盖的白色尿酸盐沉积，腺胃中常见白色不规则斑块溃疡灶。一般最早出现尿酸盐的部位是胆囊、肾脏。胆囊中常有白色颗粒样沉积物，肾脏中广泛存在尿酸盐沉积，微肿。也有先出现肾脏、肌肉片状尿酸盐沉积，但胆囊中不明显的案例。此外，肝脏苍白的案例明显增多，通常都伴有肾脏苍白或者尿酸盐沉积。死亡胚胎可见肾脏明显尿酸盐沉积，但其他组织脏器并不明显；种禽发病，卵泡表面有尿酸盐覆盖，偶有卵泡坏死。雏鹅如果眼眶内出现白色尿酸盐沉积通常预后不良。

易混淆疾病：该病广泛性尿酸盐覆盖易与大肠杆菌、浆膜炎导致的心包炎和肝周炎相混淆。一般细菌导致的心包炎和肝周炎，渗出物常呈灰白色或者黄色，而星状病毒感染导致的心包炎和肝周炎多呈白色，有沙砾样触感。此外，该病还需要和营养性痛风相区别。

防治措施：目前尚无特效产品，可以使用抗体进行预防。同时需要加强对孵化室、孵化器和育雏舍的消毒，可使用含氯、含碘的消毒剂，每天一次。鹅群发病后常用保肝护肾、增加饮欲和中和尿酸的药物进行对症治疗，同时适当降低饲料中蛋白质的含量，减少尿素盐的产生，并使用0.2%~0.3%小苏打饮水，缓解症状。需要注意的是抗生素的使用可能会加重病情，导致死亡增加。

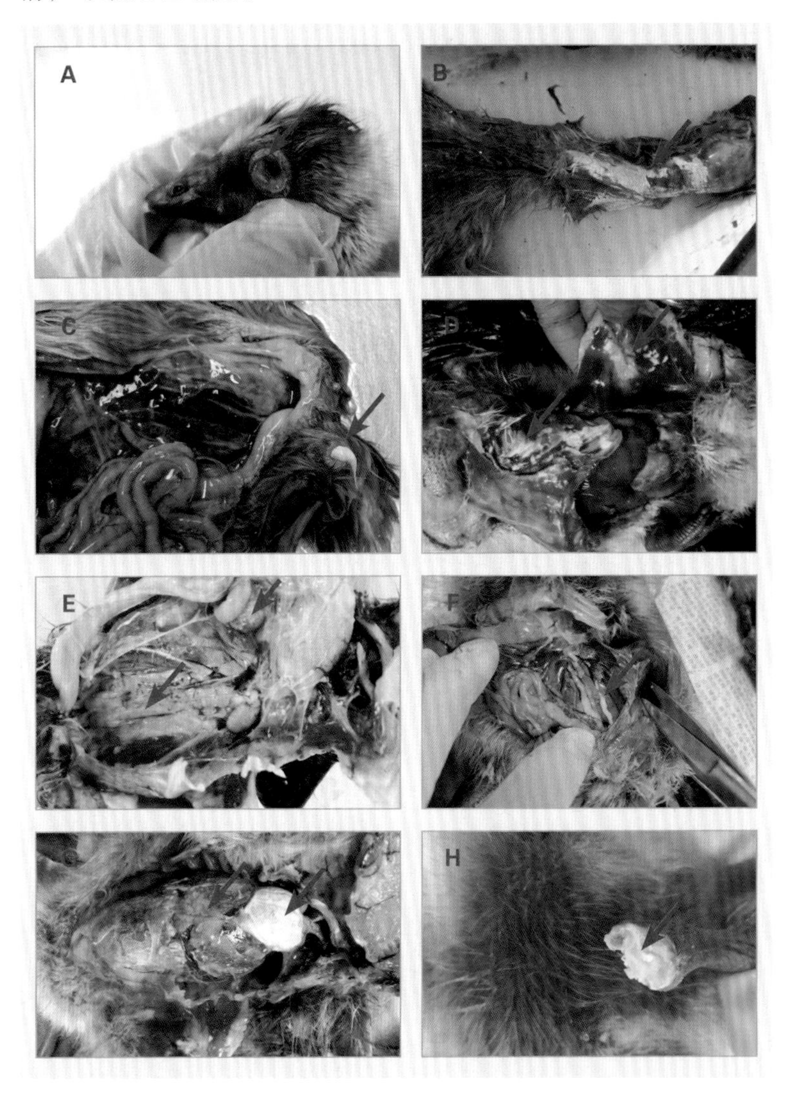

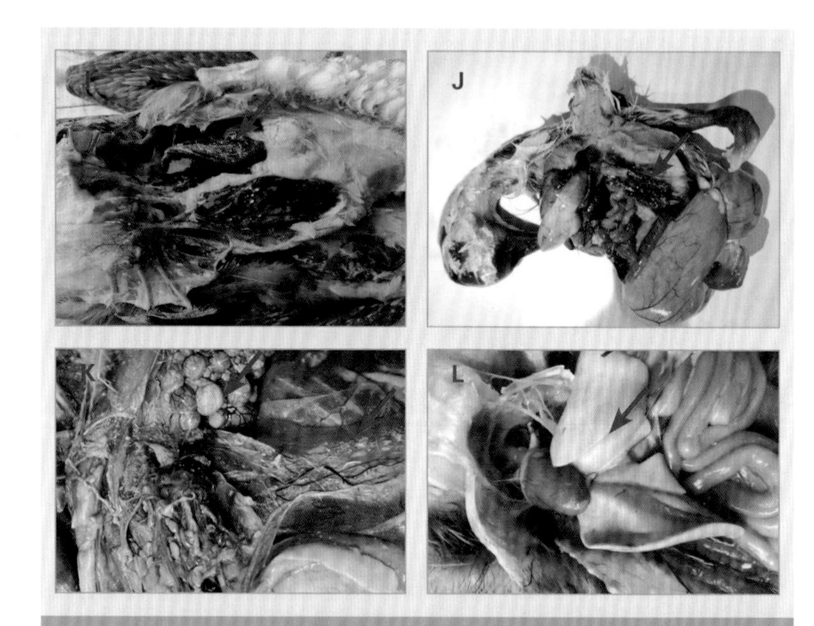

鹅痛风

（A：眼睑大量白色尿酸盐沉积；B：颈部皮下大量尿酸盐沉积；C：鹅痛风后的纯白色粪便；D：肌肉和关节尿酸盐沉积；E：胆囊内充满白色尿酸盐颗粒、肾脏苍白；F：输尿管白色尿酸盐充盈；G：心包膜、肝被膜大量白色尿酸盐沉积和包裹；H：关节腔内尿酸盐沉积；I：50日龄肉鹅肝脏尿酸盐沉积；J：孵化26天死亡鹅胚肾脏尿酸盐沉积；K：260日龄种鹅卵泡变性、腹膜尿酸盐沉积；L：雏鹅“痛风”早期出现肝脏苍白）

三

鹅细小病毒病

病原：由鹅细小病毒引起的，以肠道肿胀、腊肠样栓子为主要病变特征的急性传染病。

常发季节和日龄：该病一年四季都有可能发生。起初该病仅发生于30日龄内雏鹅，随着疾病的发展，30～40日龄也可见鹅细小病毒感染，并伴随有典型病变。值得关注的是，鹅细小病毒感染种鹅后多数无明显症状，偶见肠道栓子。该病在2000—2010年曾一度在番鸭群流行，随后逐渐减少，主要危害30日龄以内的雏鸭。临床监测数据显示，近年来番鸭群中较少发现该病的存在。该病自然发生的死亡率可超过60%，但多数死亡率集中在20%～40%。

临床症状：雏鹅主要表现为精神委顿，喘气、行动迟缓、不愿走动、趴卧，病鹅起初腹泻，随后严重病例的粪便中可见脱落的黏膜，形成栓子，形似肠段。2月龄以上鹅感染后通常不会表现任何症状，但偶见严重肠道栓子。种鹅感染后可垂直传播，对产蛋率没有太大影响，但会影响种蛋孵化。

传播途径：该病主要通过接触传播，也能够垂直传播。引种也会导致该病的传播。

典型剖检病变：雏鹅、成鹅主要表现为肠道肿大，常见黑色或红色外观。黏膜脱落，发病初期肠道可见少量黏稠物聚集，中后期可见肠道出现黄色肠芯，外围包裹完整易剥离的黏膜。后期整个肠芯较硬，外观光滑。

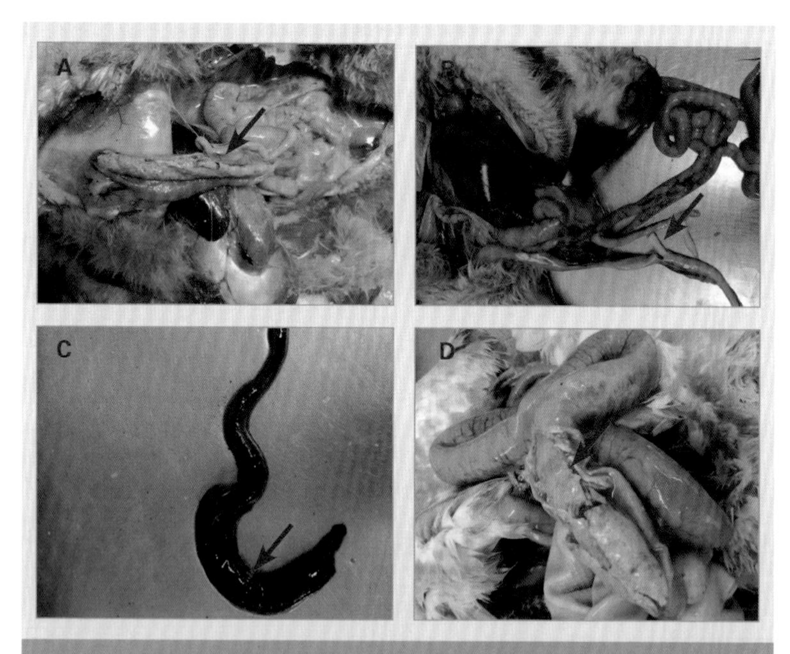

鹅细小病毒病

（A：十二指肠出现饲料混合肠黏膜的黄白色肠芯；B：雏鹅肠道白色肠芯；C：肠道严重出血并伴有暗红色肠栓；D：成年鹅肠道黄白色肠芯）

易混淆疾病：该病早期易与消化不良、梭菌性肠炎等相混淆，后期出现特征性病变则容易判断。

防治措施：可在1日龄使用小鹅瘟活疫苗或者小鹅瘟精制卵黄抗体进行预防，疫苗一般使用剂量为1～1.5羽份，抗体多注射0.5毫升。发病后可使用小鹅瘟活疫苗紧急免疫3～5羽份，或者根据体重，紧急注射小鹅瘟精制卵黄抗体1～2毫升。小鹅瘟活疫苗需要注意使用对象，种鹅和雏鹅需要选择合适的专用疫苗，避免出现不必要损失，同时需要加强对孵化室、孵化器和育雏舍的消毒。

四 鹅呼肠孤病毒病

病原：由呼肠孤病毒引起，以单侧腿瘫痪为主要病变特征的急性传染病。

常发季节和日龄：该病一年四季都可能发生。最早于2017年6月在广东开始流行，主要危害2～4周龄鹅，随后更大日龄的鹅甚至种鹅也有发生。

临床症状：主要表现为趴卧、单侧跛行、腿麻痹并向后蹬。病鹅常因行动不便导致采食量不足，出现体重减轻，消瘦，残次鹅多，且病程长。该病死亡率通常低于5%，但由于呼肠孤病毒感染常伴有免疫抑制，因此发病的同时常见沙门氏菌感染，发病后常继发浆膜炎，此时可能造成20%甚至更高比例的死亡。未免疫疫苗的肉鹅最早可于2周出现症状，并伴随跛行，发病率可达50%甚至以上。种鹅感染后通常症状不明显，但有些出现跛行后会导致生产性能下降。

传播途径：该病主要通过接触传播，也能够垂直传播，气溶胶传播能力相对较弱。

典型剖检病变： 通常表现为肝脏和脾脏出现大量大小接近的白色坏死点，若坏死点大小差异较大，则常伴有沙门氏菌感染。由于该病发生后常继发浆膜炎，因此剖检时需要去除肝脏表面包裹的纤维素膜观察。

易混淆疾病： 该病早期易与沙门氏菌感染相混淆；若肝、脾无典型症状，则需要与坦布苏病毒病相鉴别。

防治措施： 目前暂无针对性疫苗。常使用番鸭呼肠孤活疫苗进行免疫，同时配合抗体进行治疗。适量添加抗病毒中药，能加快康复。

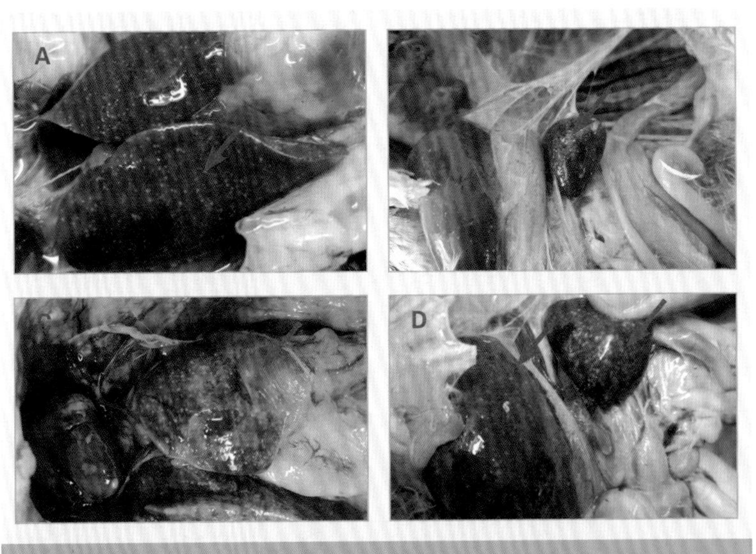

鹅呼肠孤病毒病

（A：肝脏白色点状坏死；B：脾脏白色点状坏死；C：肝脏白色坏死并伴有肝周炎；D：脾脏白色点状坏死并伴有肝周炎）

五 鹅坦布苏病毒病

病原：由坦布苏病毒引起，以翅膀麻痹、瘫痪为主要病变特征的急性传染病。

常发季节和日龄：该病一年四季都可能发生，以低温时节尤甚。2010年发生之初，该病首先发生于与发病鸭群距离较近的种鹅群，引起产蛋率下降，此时该病对肉鹅的影响较小。随着疾病的发展，2014年5月左右，40~50日龄肉鹅出现减料、拉绿色稀便并伴随有翅膀麻痹、瘫痪等临床表现。该病发生后，死亡率通常在10%~20%，密度较大的棚鹅群的死亡率会更高。

临床症状：主要表现为精神委顿、食欲减退，发病初期通常有轻微咳嗽，随后出现趴卧、翻倒、跛行、翅膀和腿麻痹。发病初期常减料超过30%，腹泻症状明显，粪便多呈青绿色或者墨绿色。病程5天以上的鹅，体重明显减轻，消瘦，且耐过鹅恢复时间长达1月以上。该病经过一段时间流行后，不少病例减料通常在20%以内。种鹅会出现产蛋率、受精率等生产性能下降的情况，通常在20%左右。

传播途径：该病主要通过接触传播，也能够垂直传播，气溶胶传播能力相对较弱。

典型剖检病变：通常表现为肝脏微肿，颜色偏黄，若有细菌混合感染则上述症状不明显。常见胰脏出现白色针尖样坏死点，心肌内膜出血，偶尔可见脑膜出血。

易混淆疾病：该病早期易与禽流感、腺病毒病等相混淆，尤其是胰脏病变容易引起误判，可从眼睛和心脏等脏器的变化进行鉴别。

防治措施：15日龄前可使用灭活疫苗免疫1次，25日龄前再次免疫活疫苗2～3羽份。种鹅开产前再次免疫活疫苗3～5羽份。发病后3天内，紧急注射鸭坦布苏病毒病活疫苗3羽份。发病3天以上，紧急注射活疫苗同时添加清热泻火抗病毒中药，能加快康复。

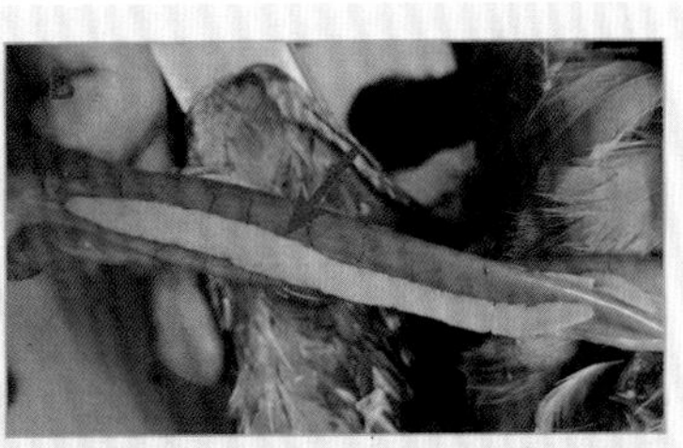

鹅坦布苏病毒病

（A：翅膀麻痹、腿麻痹，无法正常行走；B：胰腺内出现白色点状坏死）

鹅腺病毒病

病原：由禽腺病毒（通常是腺病毒C4和D2血清型）引起，以心包积液、软脚为主要病变特征。

常发季节和日龄：该病一年四季都可能发生，2019年以后在南方地区较为常见。该病首先发生于鸡，引起心包积液、包涵体肝炎。不久蔓延到鹅群，肉鹅出现拉黄白色稀便并伴随有心包积液、软脚等临床表现。该病发生后，死亡率通常在10%以内，零星死亡病例多见。

临床症状：发病初期通常有趴卧、喘气等表现。少量鹅精神委顿、拉稀，每天都有零星发病病例，病程一般在10～15天，耐过鹅可恢复正常生长。

传播途径：该病主要通过粪口途径接触传播，也能够垂直传播。

典型剖检病变：主要表现为心包积液，偶见肝肾肿大。

易混淆疾病：该病易与坦布苏病毒病相混淆，但坦布苏病毒病肝脏偏黄、胰腺有明显点状坏死病变，且多伴有瘫痪、翻倒等症状。

防治措施：发病严重区域可使用腺病毒疫苗进行预防，每只0.5毫升。多数情况下，可使用精制卵黄抗体进行预防和治疗，使用剂量为2～3毫升/只。也可口服抗体防治，但剂量需要加倍，有一定效果。

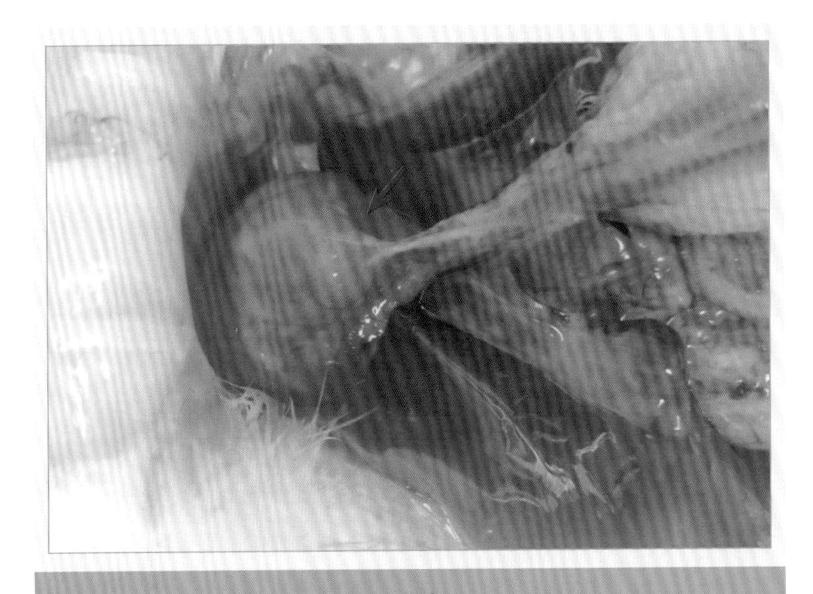

鹅腺病毒病

（心包积液）

七 鹅传染性浆膜炎

病原：由鸭疫里默氏杆菌引起，以心包炎、肝周炎、气囊炎为主要病变特征的疾病。

常发季节和日龄：该病一年四季都可能发生，该病首先发生于鸭，也可以感染鹅、鸡等禽类。以10～60日龄常见，但以30日龄内最易发生。

临床症状：发病初期可见病鹅精神委顿、拉黄绿色稀粪，且常出现鼻腔黏液增多、喘气等表现。发病后每天都有零星死亡病例，病程可持续2周以上，可见趴卧、翻倒，严重者出现神经症状。耐过鹅正常发育受阻，体型瘦小。

传播途径：该病主要通过接触传播，其中伤口接触传播是重要传播方式之一。

典型剖检病变：主要表现为心包炎、肝周炎、气囊炎等症状，有时心包和肝脏周边有黄色胶冻样积液、心脏表面呈现大量纤维素性渗出导致的绒毛心，有时可见肠道黏膜脱落等。

易混淆疾病：该病易与大肠杆菌病相混淆，较难区分，需要通过实验室鉴别诊断。

防治措施：该病可使用鸭传染性浆膜炎灭活疫苗进行预防，每只0.3～0.5毫升。若发病日龄过早，可使用蜂胶佐剂疫苗预防，每只0.5毫升。若发病，可使用蜂胶佐剂疫苗和敏感抗生素（如头孢喹肟）进行治疗，效果良好。

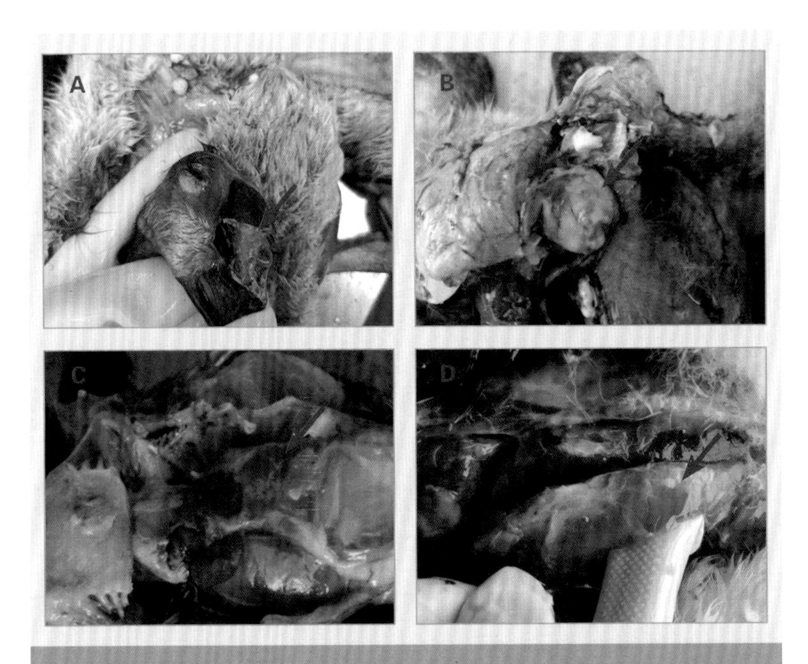

鹅传染性浆膜炎

（A：鼻腔内大量白色黏液；B：气囊增生，大量黄白色纤维素性渗出物；C：心包炎、肝周炎，心、肝被灰白色纤维素性渗出物包裹；D：黄色胶冻样渗出物）

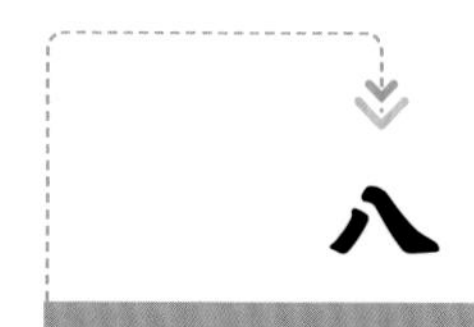

八 鹅沙门氏菌病

病原：由沙门氏菌引起，以肝脏肿大呈古铜色、盲肠形成白色硬性肠芯、肾脏出现白色颗粒坏死为主要病变特征的疾病。

常发季节和日龄：该病一年四季都可能发生，可感染鹅、鸭等禽类。以5～20日龄常见。

临床症状：发病初期可见病鹅精神委顿、拉白色稀粪。发病后有零星死亡病例，耐过鹅一般发育正常。

传播途径：该病主要通过接触传播。

典型剖检病变：主要表现为肝脏肿大且偏黄色，有的可见白色点状坏死，部分出现盲肠形成白色硬性肠芯，且肾脏出现白色颗粒坏死，偶见心包炎、肝周炎、气囊炎等症状。

易混淆疾病：该病易与鹅呼肠孤病毒病相混淆，需要通过实验室鉴别诊断。

防治措施：该病无专用疫苗，若发病后可使用敏感抗生素

（如头孢喹肟）进行治疗，效果良好。

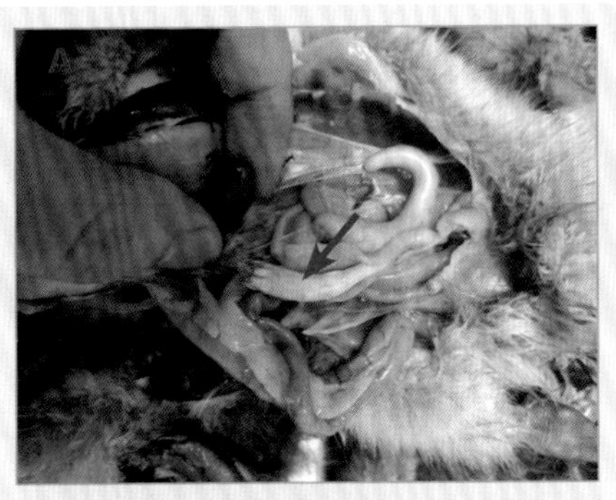

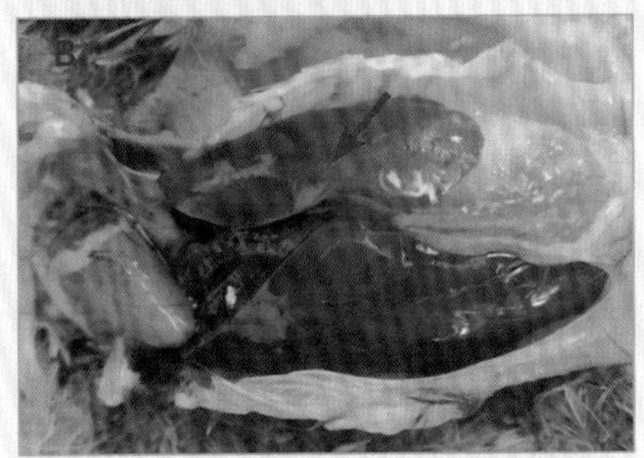

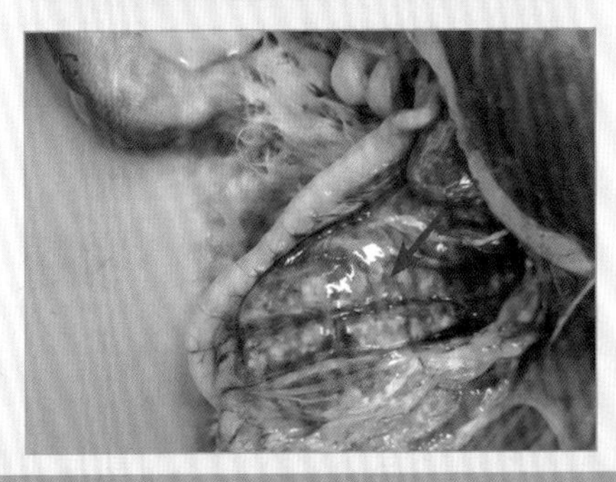

鹅沙门氏菌病

（A：输尿管栓子，大量纤维性渗出物堵塞管腔；B：肝脏呈黄绿色；C：肾脏大量白色纤维素性渗出物，形成白色颗粒）

九 鹅曲霉菌病

病原：黄曲霉菌、赭曲霉菌等都可能成为该病的致病菌。

常发季节和日龄：四季都有可能发生，以冬、春季最常见。各日龄都可能发生，但以孵化后期的鹅胚和20日龄以内雏鹅多见。

临床症状：孵化末期的鹅胚死亡增多，雏鹅症状主要为精神委顿，张口呼吸。

典型剖检病变：死亡鹅胚可见内层卵壳膜出现灰黑色霉斑。雏鹅主要表现为肺脏、气囊出现灰黑色霉斑，可见菌丝生长。肝脏可见数量不一、形状不规则的黄白色坏死灶。

易混淆疾病：鹅曲霉菌导致的肝脏病变易与鹅呼肠孤病毒病相混淆，但鹅呼肠孤病毒病导致的出血通常明显，且呈红色或者灰黄色，而霉菌呈亮黄色。

防治措施：加强对孵化室、孵化器、入孵鹅胚的消毒，可使用含醛的消毒剂熏蒸。发病后建议淘汰体质弱的病鹅，同时加强温湿度控制，减少霉菌滋生。

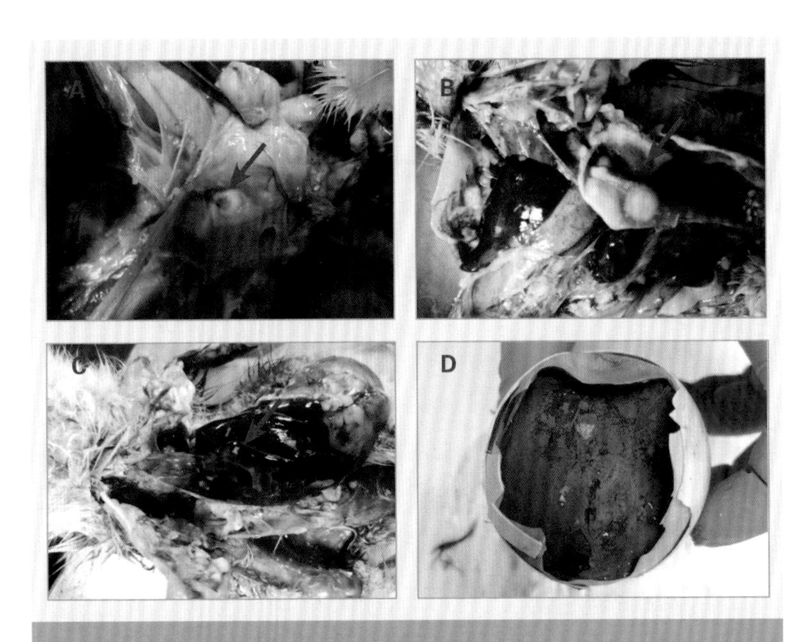

鹅曲霉菌病

（A：气囊中灰黑色霉菌团块；B：气囊增生，内部大量灰黑色霉菌团块；C：严重霉菌感染后造成的肝脏黄色不规则坏死斑块；D：孵化末期死亡鹅胚尿囊膜表面大量黑色霉斑）

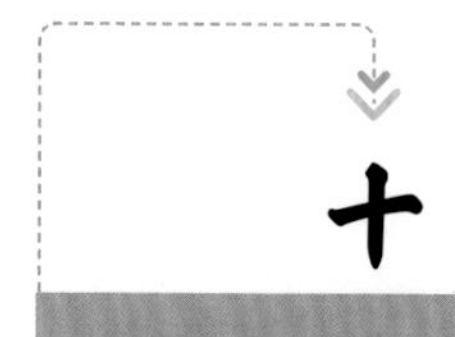

十 鹅出败

病原：由禽多杀性巴氏杆菌引起，以肝脏白色针尖样坏死，心冠脂肪出血、肠道出血、腹部或肠系膜脂肪针尖样出血点为主要病变特征的疾病。

常发季节和日龄：该病一年四季都可能发生，可以感染鹅、鸡等多种禽类。30日龄即可发生，但多以60日龄以上常见。

临床症状：发病初期可见病鹅精神委顿、拉黄色稀粪，且有从零星死亡到骤然死亡增多的表现。使用抗生素后，可短暂停止死亡，随后又出现死亡骤增或零星死亡，病程可持续1个月以上，难以自行康复。

传播途径：该病主要通过接触传播，粪口途径是最重要的传播方式，因此在散养鹅或者圈养鹅群中较为常见。此外不当引种也会造成该病的传播。

典型剖检病变：主要表现为肝脏白色针尖样坏死，心冠脂肪出血、肠道出血、腹部或肠系膜脂肪针尖样出血点等出血症状，肝脏常肿大，质脆。部分发病初期病鹅仅出现肝脏肿大，出血和肝脏坏死并不明显，需要结合临床判断。

易混淆疾病：该病易与禽流感、沙门氏菌病相混淆，但结合特征性病变可鉴别诊断，也可通过实验室进行鉴别诊断。

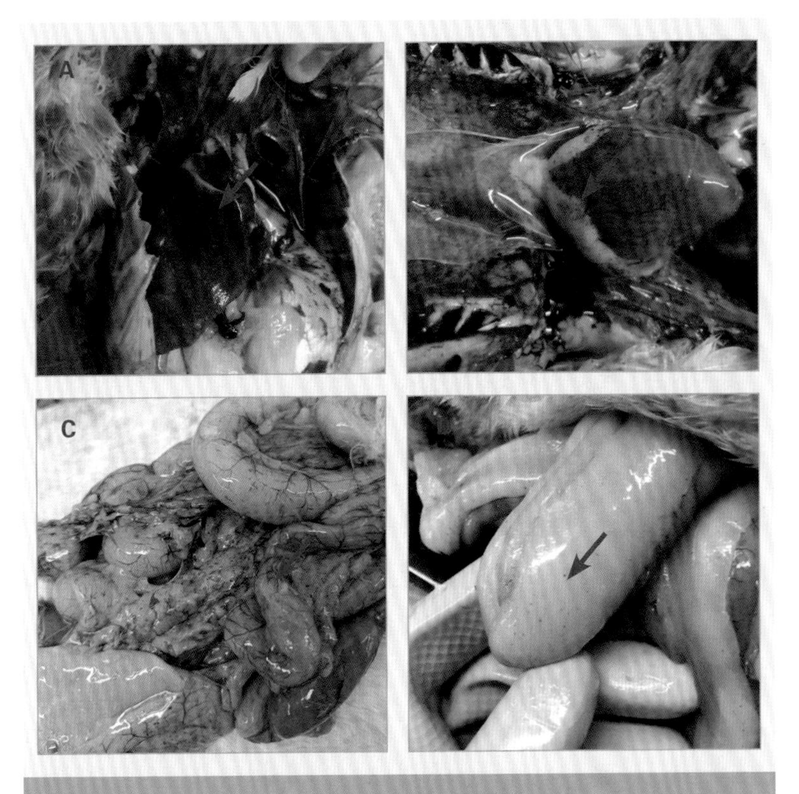

鹅出败

（A：肝脏白色针尖样坏死；B：心冠脂肪出血、心肌表面出血；C：肠道出血，发黑；D：肠系膜脂肪针尖样出血点）

禽流感临床病变偶见心冠脂肪出血和全身脂肪出血，但通常会伴有胰腺坏死，且鹅容易出血蓝眼表现，该病无明显发病日龄限制。沙门氏菌通常发病日龄偏小，且较少出现肠道、脂肪出血的情况。

防治措施：该病可使用禽多杀性巴氏杆菌病灭活疫苗进行预防，每只0.5毫升。若发病日龄较晚，可免疫2～3次，免疫保护期一般在6个月以上。若发病，可使用禽多杀性巴氏杆菌病灭活疫苗（铝胶佐剂）和敏感抗生素（如头孢喹肟）进行治疗，效果良好。

十一 鹅大肠杆菌病

病原：由大肠杆菌引起，以心包炎、肝周炎、气囊炎为主要病变特征的疾病。

常发季节和日龄：该病一年四季都可能发生，该病感染宿主广泛，属条件致病菌，在潮湿梅雨季节尤为严重。各日龄均可发生。

临床症状：发病初期可见病鹅精神委顿、拉黄色稀粪，且有臭味。但有时会出现鼻腔黏液增多，喘气，气囊、黏膜等出现纤维素性增生等表现。发病后可表现为零星死亡病例，也可能死亡量突然增加，病程可持续2周以上。病程较长的鹅通常腹部膨大，胸肌萎缩，体重显著降低。

传播途径：该病主要通过接触、粪口等途径传播。

典型剖检病变：主要表现为心包炎、肝周炎、气囊炎等症状，纤维素性渗出物颜色偏黄。有时心包和肝脏周边可见黄色胶冻样积液，严重可见心脏表面大量纤维素性渗出物导致的绒毛心，有时可见肠道黏膜脱落等。雏鹅可表现为卵黄吸收不良、关节炎等。需要注意的是大肠杆菌常与鸭疫里默氏杆菌、鹅支原体等疾病混合感染，且剖检病变表现极为相似。

易混淆疾病：该病易与鸭疫里默氏杆菌病、鹅支原体相混淆，较难区分，需要通过实验室鉴别诊断。

防治措施：该病可使用大肠杆菌灭活疫苗进行预防，每只0.3 ~ 0.5毫升。若发病日龄过早，可使用蜂胶佐剂疫苗预防，每只0.5毫升。若发病，可使用蜂胶佐剂疫苗和敏感抗生素（如头孢喹肟）进行治疗，效果良好。

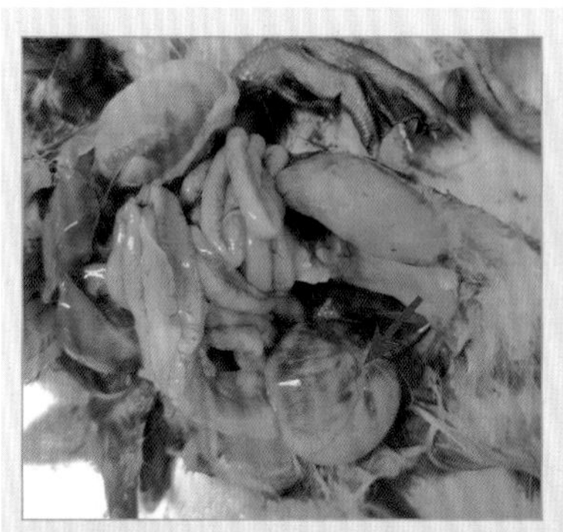

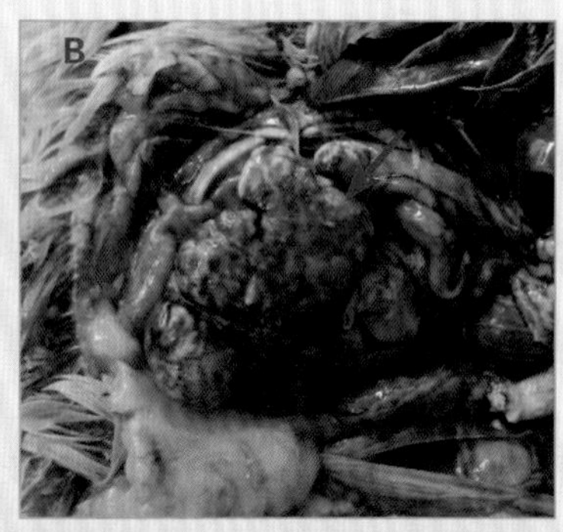

鹅大肠杆菌病

（A：卵黄吸收不良；B：肺脏纤维素性渗出严重）

常见鸭病

十二 鸭高致病性禽流感

病原：高致病性禽流感是由H5或H7亚型禽流感病毒引起的一种急性传染病，鸭群的病原通常是指H5亚型禽流感病毒，但偶尔也有H7亚型禽流感病毒。

常发季节和日龄：该病一年四季都有可能发生，但以冬、春季最常见。15日龄内雏鸭较为少见，这主要是母源抗体较高的原因。但15日龄以上雏鸭发病明显增加，尤其是仅免疫一次的鸭群，死亡率可达40%以上。不同品种的鸭感染后死亡率略有差异，番鸭死亡率可达100%，北京鸭、麻鸭等品种抵抗力略强。

临床症状：主要表现为体温升高，精神委顿，食欲减少，呼吸困难，眼眶湿润，不愿走动，拉黄白色稀粪，严重的伴有扭头等神经症状。

传播途径：该病可通过病禽与健康禽直接接触传播，也可通过病毒污染物或气溶胶间接接触传播。病毒可随眼、口、鼻分泌物及粪便排出体外，受污染的任何物体均可机械性传播（尤其需要关注空气、水、笼具、运输车辆、昆虫以及鸟类）。该病常见的传播方式是运输车辆及笼具、引入带病禽以及空气传播，此外通过带病毒的禽产品流通进行传播也不容忽视。

典型剖检病变：心肌白色条纹状坏死，肺脏水肿、淤血；胰腺出现白色或透明坏死灶、偶见出血。

易混淆疾病：该病易与禽出败、坦布苏病毒病混淆。禽出败常见心冠脂肪出血、腹部脂肪出血、肝脏肿大且有白色针尖样坏死点，但禽流感没有。坦布苏病毒病常见胰脏白色点状坏死，高致病性禽流感发病后的胰脏通常伴有透明和粟米大小白色坏死点。

防治措施：使用国家批准的最新高致病性禽流感油乳剂灭活苗进行预防。免疫时，北京鸭保证2次免疫，可在5日龄左右首免，10日龄左右二免，剂量均为0.3毫升。若上市日龄较早，则需要选择残留小、吸收快的细胞苗，5日龄免疫0.3毫升。中慢速肉鸭至少免疫2次，可在25～30日龄加强免疫1次。蛋鸭和种鸭至少保证3次免疫，产蛋前15天进行加强免疫1次，强制换羽后再补免1次。建议对鸭加强抗体监测，选择合理的免疫程序。

禽流感目前没有有效的治疗方法，常规抗病毒中药可以减轻症状，抗生素只能控制并发或继发的细菌感染，对病毒没有效果。一旦发现高致病性禽流感疑似病例，应立即封锁现场，上报农业主管部门。

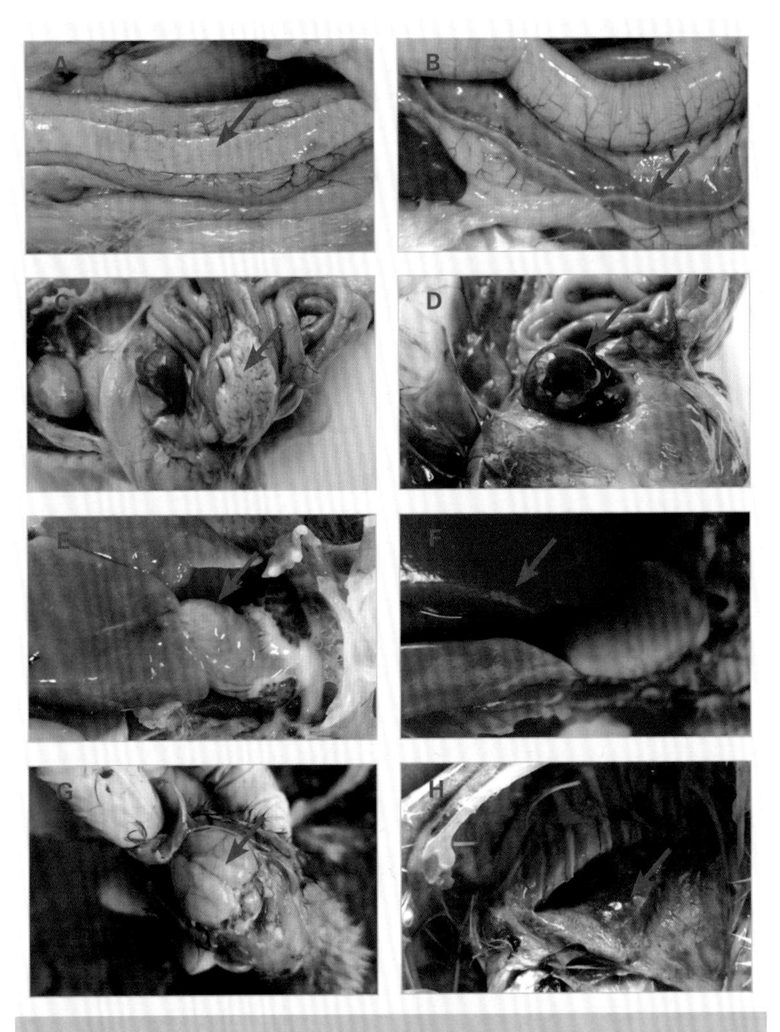

鸭高致病性禽流感

（A：胰脏白色点状坏死；B：胰脏充血，边缘白色坏死；C：胰脏透明坏死灶；D：脾脏肿大、淤血；E：心肌条纹坏死；F：心脏和肝脏呈水煮样；G：脑梗死；H：肺脏大量炎性渗出物）

十三 鸭细小病毒病

病原： 鸭细小病毒因鸭的品种不同，其病原不同，其中包括仅感染番鸭的番鸭细小病毒和感染所有品种鸭的鹅细小病毒。番鸭细小病毒病是由番鸭细小病毒引起3周龄内雏番鸭以喘气、腹泻及胰脏坏死和出血为主要特征的传染病（俗称番鸭三周病）。近年来出现的番鸭细小病毒和鹅细小病毒的重组毒株，从分析结果看，这类病毒抗原性更接近番鸭细小病毒。鹅细小病毒感染鸭后，以长舌短喙、骨易折断、羽毛脱落为主要特征，通常脏器眼观病变不明显。

常发季节和日龄： 该病一年四季都有可能发生，无明显季节性。番鸭细小病毒自然感染情况下，仅雏番鸭发病，且发病率和死亡率与日龄关系密切，日龄越小发病率和死亡率越高。番鸭细小病毒病最早于3日龄开始发病，若免疫过疫苗或注射过抗体，则通常在5～6周龄发生，此时多以羽毛脱落为主要表现，种番鸭则常见于产蛋期。鹅细小病毒可以感染所有品种的鸭，日龄与番鸭细小病毒接近，但常发生于1月龄以内。

临床症状： 主要表现为精神沉郁，喘气，下痢，脱水，消瘦，衰竭，迅速死亡。病程3～7天，发病率和死亡率可达40%。耐过鸭成为僵鸭，发生骨钙沉着不良、骨脆弱易折、羽毛易折断或脱落等后遗症。种番鸭感染细小病毒后可见20%以内的产蛋率下降，呈现一定波动性，且持续时间长。鹅细小病毒感染后常出现舌外露（长舌病），也可见骨脆弱易折、羽毛易折断或脱落等后遗症。

传播途径： 该病主要通过病禽与健康禽直接接触传播，受污染的任何物体均可机械性传播。此外垂直传播也较为常见。

典型剖检病变： 细小病毒感染后的病变包括腊肠样粪便，有纤维素性假膜覆盖，胰脏苍白、充血、出血及点状坏死。鹅细小病毒感染后出现舌外露（长舌病），肝脏等实质脏器萎缩，但无肉眼可见典型病变。

易混淆疾病： 该病的多种发病病原容易混淆。番鸭可感染番鸭细小病毒和鹅细小病毒，两者抗原性差异较大，雏番鸭常表现为腊肠样粪便，病原需要通过实验室鉴定。其他品种鸭则通常仅感染鹅细小病毒，以长舌、骨脆弱易折、羽毛易折断或脱落为主要表现。

防治措施： 加强育雏期的饲养管理与清洁消毒，注意保温，保持棚舍干爽清洁及合理进行免疫接种是控制该病的有效方法。鸭细小病毒病可采用番鸭细小病毒病—小鹅瘟二联活疫苗，主要用于雏鸭，经皮下注射1～2羽份。成年鸭感染后通常使用番鸭细小病毒病—小鹅瘟二联活疫苗3～5羽份进行治疗。

另外，鸭细小病毒病也可使用番鸭细小病毒病—小鹅瘟二联高免卵黄抗体进行防治。

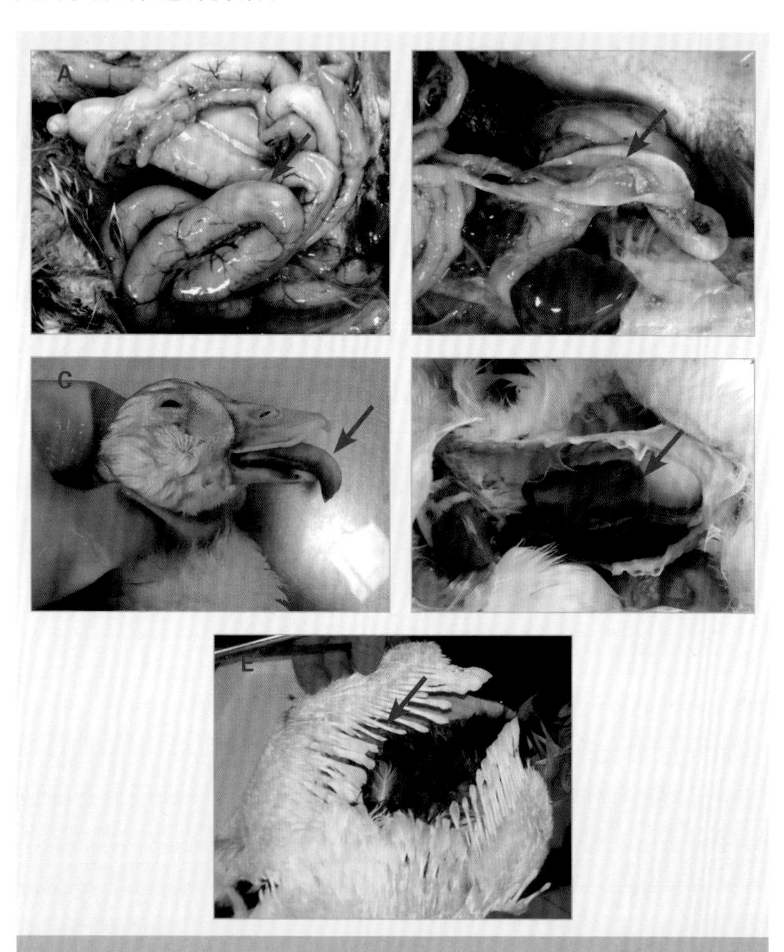

鸭细小病毒病

（A：肠道充盈，隐约可见肠芯填充；B：肠道内出现黄色肠芯，形似腊肠样；C：鸭上喙变短，舌外露；D：肝脏轻度萎缩，无明显病变；E：翅膀出现断羽，掉毛）

十四 鸭坦布苏病毒病

病原：由坦布苏病毒引起，以种鸭减蛋、肉鸭翻倒、瘫痪为主要临床表现的急性传染病。

常发季节和日龄：该病一年四季都可能发生，以低温时节尤甚。2010年4月，该病最早发生于蛋鸭群，引起产蛋率骤降甚至绝产。随着疾病的发展，经产蛋鸭发生比例略有降低，同时15～20日龄肉鸭出现减料、拉绿色稀便并伴随有翻倒、瘫痪等临床表现。目前该病各个日龄均可发生，死亡率通常在10%～20%。

临床症状：主要表现为精神委顿、食欲减退，发病初期偶见轻微咳嗽，随后出现跛行、翻倒和腿麻痹。发病初期常减料，腹泻症状明显，粪便多呈青绿色或者墨绿色。蛋鸭和肉鸭自然恢复时间常在20天左右，但产蛋高峰期降低，维持时间短。此外部分公鸭还会出现睾丸发育不良。

传播途径：该病主要通过接触传播，也能够垂直传播，气溶胶传播能力相对较弱。

典型剖检病变：通常表现为肝脏微肿，颜色偏黄，若有细菌混合感染则上述症状不明显。常见胰脏出现白色针尖样坏死点，心肌内膜出血，同时伴有少量淡黄色心包积液，偶尔可见脑膜出血、心肌轻度白色坏死。发病早期偶见气管出现轻微出血症状。

易混淆疾病：该病早期易与禽流感、腺病毒病等相混淆，尤其是胰脏病变容易引起误判，可从心脏等脏器的变化进行鉴别。通常禽流感伴有胰脏颗粒样白色坏死或者透明坏死，坦布苏病毒病则无。腺病毒通常出现大量心包积液，肝脏斑驳黄色条状坏死，坦布苏病毒病则心包积液略少，整个肝脏呈黄色。

防治措施：肉鸭7～10日龄可使用活疫苗2羽份免疫1次。在该病流行区域，出栏日龄超过45天的肉鸭应于5日龄前再次免疫活疫苗2羽份。种鸭开产前可免疫1～2次活疫苗，每次2～3羽份，开产前再免疫灭活疫苗1.0～1.5毫升。发病后3天内，紧急注射鸭坦布苏病毒病活疫苗3羽份效果较好。发病3天以上，紧急注射活疫苗，同时添加清热泻火抗病毒中药，能加快康复。

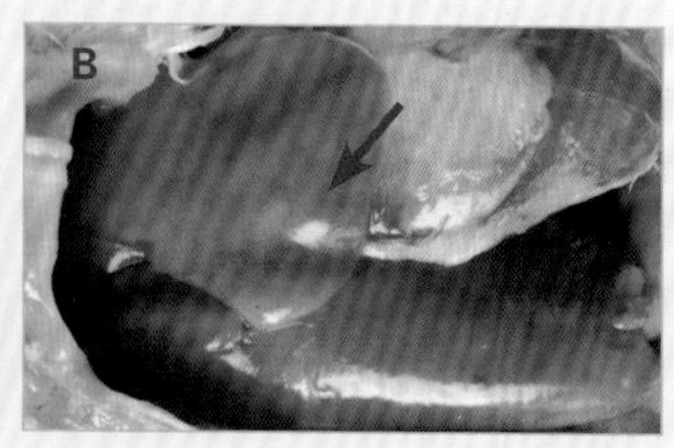

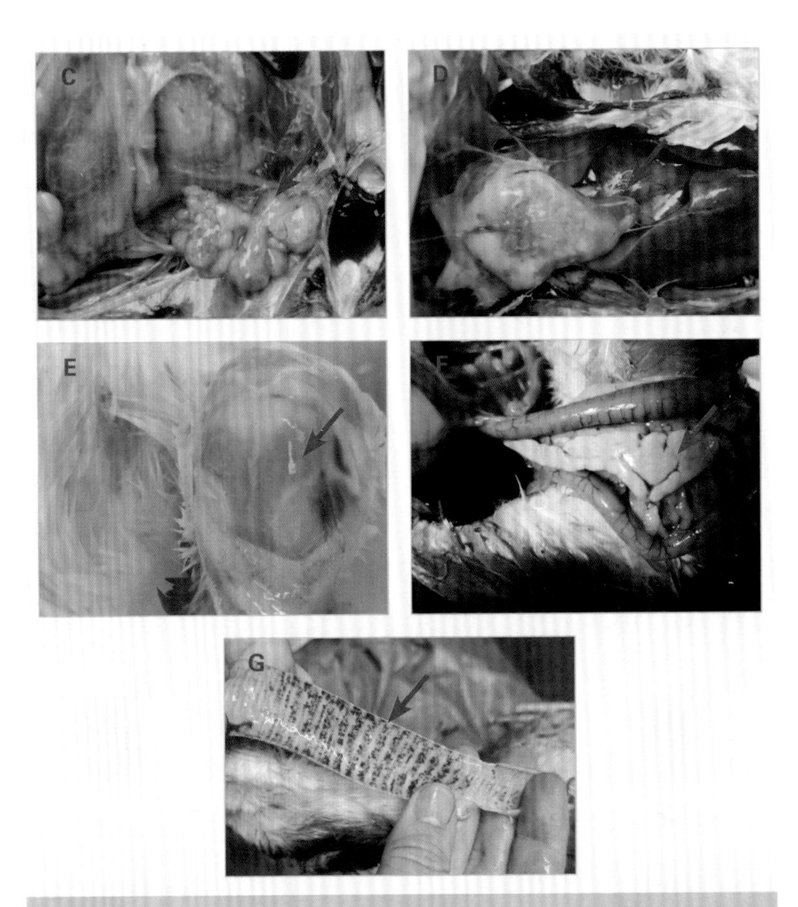

鸭坦布苏病毒病

（A：鸭翻倒，死亡；B：肝脏呈土黄色；C：卵泡液化；D：心包少量积液；E：脑膜出血；F：胰脏白色坏死；G：气管出血）

鸭呼肠孤病毒病

病原：由呼肠孤病毒引起，以番鸭肝脏白色坏死和不规则片状出血，其他品种鸭脾脏斑块样出血、黄色或黄褐色不规则坏死为主要病变特征的急性传染病。

常发季节和日龄：该病一年四季都可能发生。主要危害2周龄内鸭，且发病率和死亡率与日龄呈负相关。

临床症状：精神沉郁，食欲减少或废绝，不愿走动，拥挤扎堆，腹泻，拉黄白色或绿色带有黏液的稀粪，部分鸭趾关节或跗关节肿胀，脚软，羽毛易湿。经典型番鸭呼肠孤病毒多感染番鸭，造成肝脏和脾脏出现白色点状坏死灶；新型番鸭呼肠孤病毒可感染番鸭、半番鸭、樱桃谷鸭、麻鸭等各个品种的鸭，造成肝脏和脾脏片状出血。尤其是1月龄以下雏鸭，可见脾脏斑块状出血、有黄色且质地坚硬坏死灶，俗称“脾坏死”。该病死亡率不高，通常低于20%，但容易导致生长发育受阻，继发浆膜炎等其他疾病，死淘率会骤然增加。

传播途径：该病主要通过接触传播和垂直传播，气溶胶传播能力相对较弱。

典型剖检病变：经典型番鸭呼肠孤病毒感染通常表现为肝脏和脾脏出现大量大小接近、形状不规则的白色坏死点。新型番鸭呼肠孤病毒感染各个品种鸭后，通常造成肝脏和脾脏片状出血，出血中间也可能有黄色坏死灶。此外脾脏也可能出现黄色且质地坚硬坏死灶，法氏囊出血。由于该病发生后常继发浆膜炎，因此剖检时需要去除肝脏表面包裹的纤维素膜观察。

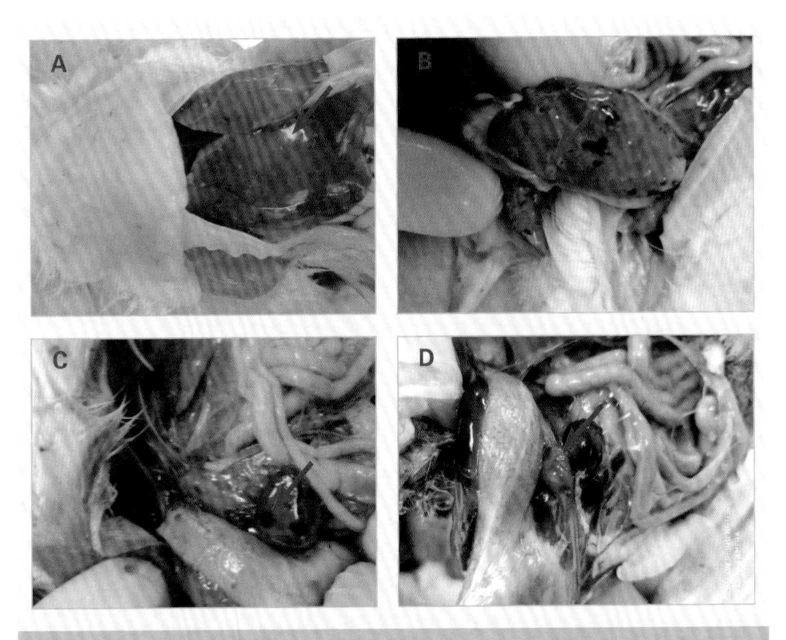

鸭呼肠孤病毒病

（A：肝脏白色点状坏死灶；B：肝脏片状不规则出血，中间有黄色坏死灶；C：脾脏片状出血；D：脾脏硬化，呈黄白色石化）

易混淆疾病：经典型番鸭呼肠孤病毒感染早期易与沙门氏菌感染相混淆，通常沙门氏菌感染后肝脏出现的坏死灶大小不均一，且心肌偶见结节样坏死；新型番鸭呼肠孤病毒需要和腺病毒感染区分，腺病毒感染除肝脏表面可能出血外，通常整个肝脏或者肝脏边缘还会出现偏黄或者白色条状坏死。

防治措施：经典型番鸭呼肠孤病毒常使用番鸭呼肠孤活疫苗（CA株）1～2羽份进行免疫，而新型番鸭呼肠孤病毒可选用新型呼肠孤活疫苗1～2羽份进行免疫。同时可使用呼肠孤多联卵黄抗体进行预防和治疗，通常于1～2日龄注射1毫升左右。发病早期可采用卵黄抗体进行紧急预防或治疗，可减少死亡。同时可添加保肝护肾药物辅助治疗。

十六 鸭甲肝病毒病（鸭肝炎）

病原：由鸭肝炎病毒引起雏鸭的一种传播迅速和高度致死性传染病。主要特征为肝脏肿大、有出血斑点和神经症状。该病的死亡率高，可达90%以上。主要发生于1月龄以内雏鸭，成年鸭有抵抗力，鸡和鹅不能自然感染。鸭肝炎病毒有3个血清型，目前流行的主要有鸭肝炎病毒血清1型和3型，其中3型居多。

常发季节和日龄：该病一年四季都可能发生。主要危害1月龄以内的雏鸭，且发病率和死亡率与日龄呈一定程度的负相关。死亡率还和母源抗体有关，通常母源抗体高，则发病日龄偏晚。

临床症状：该病潜伏期1～4天，突然发病，病程短促。病初精神萎靡、不食、行动呆滞、缩颈、眼半闭呈昏迷状态，有的出现腹泻。不久，病鸭出现神经症状，不安，运动失调，身体倒向一侧，两脚发生痉挛，数小时后死亡。死前头向后弯，呈角弓反张姿势。该病的死亡率因日龄不同有所差异，1周龄以内的雏鸭可高达95%，1～3周龄的雏鸭不到50%；4～5周龄的雏鸭死亡率较低。

传播途径：该病主要通过接触传播和垂直传播，气溶胶传播能力相对较弱。

典型剖检病变：剖检可见肝脏特征性病变。肝脏常肿大，呈黄红色或花斑状，表面有不规则的圆形出血点和出血斑，呈条索状，胆囊肿大，充满胆汁。脾脏有时肿大，外观也有类似肝脏的花斑。多数肾脏充血、肿胀。

易混淆疾病：该病易与禽腺病毒、番鸭腺病毒3型感染相混淆，通常禽腺病毒感染后肝脏可见肿胀、边缘呈黄色，有心包积液；番鸭腺病毒3型仅感染番鸭，通常导致肝脏苍白，偶见肝脏点状出血。

防治措施：该病尚无治疗药物，重在预防。注意从健康鸭群引进种苗，严格执行消毒制度；做好免疫防控，用鸭病毒性肝炎（血清1型和3型）弱毒疫苗进行免疫接种。成鸭于产蛋前半个月，肌内注射1～2羽份，产蛋中期，肌内注射2～4羽份。雏鸭出壳后1日龄或7日龄皮下注射1羽份。在疫区对雏鸭也可于1～2日龄皮下注射高免卵黄抗体（血清1型和3型）进行被动免疫预防。一旦暴发该病，立即隔离病鸭，并对鸭舍或水域进行彻底消毒。对发病雏鸭群用高免卵黄抗体注射治疗，1～1.5毫升/只，同时注意控制继发感染。

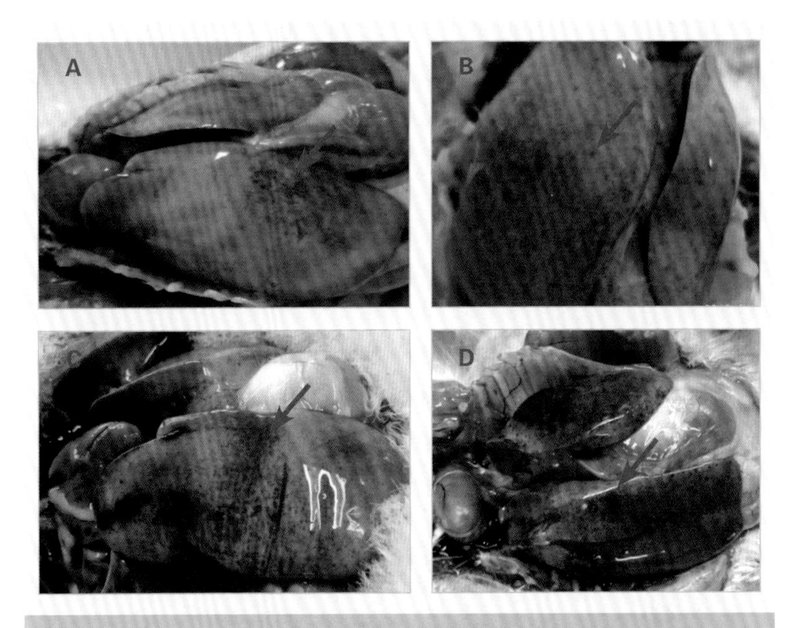

鸭甲肝病毒病（鸭肝炎）

（A、C：肝脏点状出血，部分区域连成一片；
B、D：肝脏散在大小不一的点状出血）

番鸭白肝病

病原：由番鸭腺病毒3型引起，以肝脏肿大、苍白为特征的高度接触性传染病。

常发季节和日龄：该病一年四季都可能发生。主要危害1月龄以内的雏番鸭，偶尔也感染半番鸭，且死亡率与日龄呈一定程度的负相关。

临床症状：目前，几乎在所有番鸭养殖区域都有发现该病的流行，死亡率高低不等，严重者可达50%以上。该病潜伏期通常为3～4天，发病后主要表现为缩头，拉黄白色稀粪。

传播途径：该病主要通过接触传播和垂直传播，气溶胶传播能力相对较弱。

典型剖检病变：剖检可见肝脏肿大，苍白，有时伴有点状出血；脾脏淤血；部分可见肝脏边缘黄染或者苍白，肾脏出血。

易混淆疾病：该病易与鸭肝炎感染相混淆，通常鸭肝炎可见肝脏表面有不规则的圆形出血点和条索状出血斑，番鸭腺病毒3型则以肝脏苍白为主，偶见点状出血。

防治措施：目前该病可使用卵黄抗体进行早期治疗，每只鸭肌内注射0.5毫升，有较好疗效。也可使用疫苗进行防治，效果良好，同时可添加双黄连等药物进行辅助治疗。

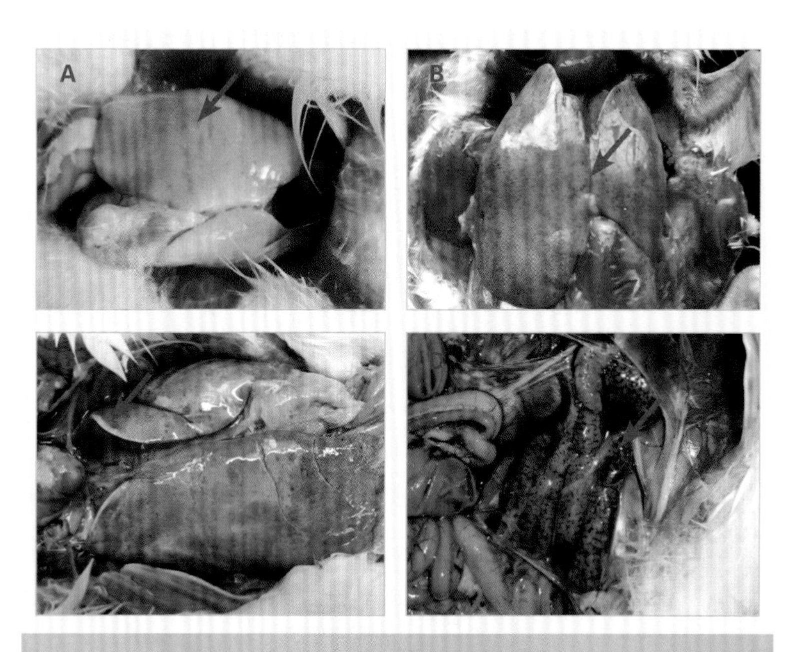

番鸭白肝病

（A：肝脏苍白；B：肝脏苍白，伴有点状出血；C：肝脏苍白，边缘呈黄色或白色；D：肾脏出血）

十八 鸭瘟

病原： 鸭瘟又名大头瘟、鸭病毒性肠炎病，由α疱疹病毒属的鸭瘟病毒感染引起，以肠道出血、消化道黏膜损伤、皮下胶冻样渗出、淋巴器官受损为特征的高度接触性传染病。

常发季节和日龄： 该病一年四季都可能发生。主要发生于鸭，也感染鹅，对不同年龄、性别和品种的鸭都有易感性。以番鸭、麻鸭易感性较高。

临床症状： 自然感染的潜伏期3～5天，病初体温升高达43℃以上，高热稽留。病鸭表现精神委顿，头颈缩起，羽毛松乱，翅膀下垂，两脚麻痹无力，伏坐地上不愿移动，强行驱赶时常以双翅扑地行走，走几步即行倒地，病鸭不愿下水，驱赶入水后也很快挣扎回岸。病鸭食欲明显下降，甚至停食，渴欲增加。病鸭还会出血流泪和眼睑水肿。部分病鸭可见头和颈部发生不同程度的肿胀，触之有波动感。

传播途径： 该病主要通过接触传播和垂直传播，气溶胶传播能力相对较弱。

典型剖检病变：严重的病例可见食道黏膜表面覆盖一层黄白色假膜，不易剥离。肠道出现指环样出血，皮下偶见胶冻样渗出。

易混淆疾病：该病易与禽流感相混淆，尽管都有着高死亡率，但禽流感胶冻样渗出的病例通常还能见到心肌白色条纹状坏死，而且胰脏也能见到坏死，鸭瘟通常没有。

防治措施：早期发病时可使用鸭瘟活疫苗进行治疗，鸭肌内注射5~10羽份，可有效降低发病率和死亡率。预防鸭瘟应避免从疫区引进鸭，平时对禽场和工具进行定期消毒（被病毒污染的饲料要高温消毒，饮用水可用碘氯类消毒药消毒。工作人员的衣、帽等及饲养所用工具也要严格消毒）。在受威胁区内，所有鸭应注射鸭瘟弱毒疫苗3~5羽份。产蛋鸭宜安排在停产期或开产前1~2周注射。肉鸭一般在20日龄以上注射一次即可，或者和鸭坦布苏病毒活疫苗一同注射3~5羽份。

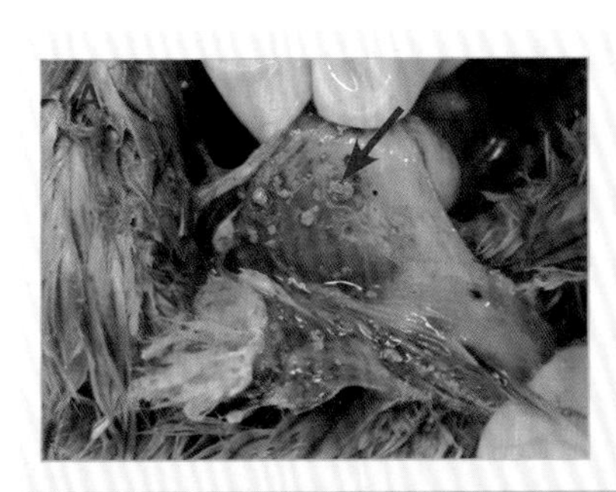

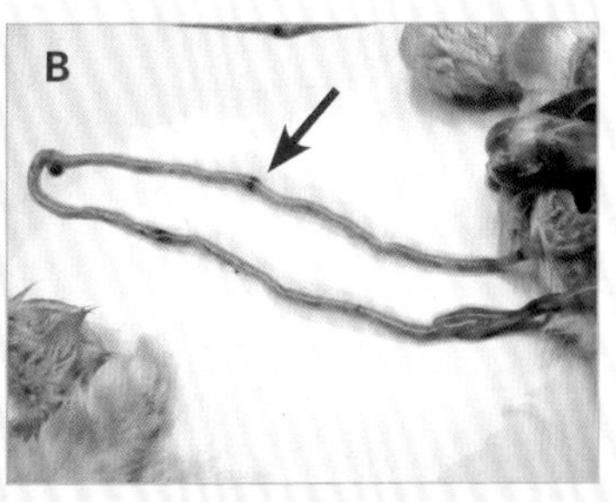

鸭瘟

（A：食道黄白色“纽扣”样假膜；B：肠道淋巴环状出血）

鸭腺病毒病

病原：由禽腺病毒（通常是禽腺病毒C4、D2等血清型）引起，以心包积液、软脚为主要病变特征。

常发季节和日龄：该病一年四季、各日龄都可能发生，在鸭群中长期存在。可引起心包积液、肝炎等。死亡率通常在10%以内，零星死亡病例多见。

临床症状：发病初期通常有趴卧、喘气等表现。偶见精神委顿、拉黄色稀粪，每天都有零星发病病例，病程一般在1周左右，耐过鸭可恢复正常生长。

传播途径：该病主要通过接触传播，也能够垂直传播。

典型剖检病变：主要表现为心包积液，偶见肝肾出血、肿大，有时可见肠道出血、黏膜脱落。

易混淆疾病：该病易与坦布苏病毒病相混淆，但坦布苏病毒病肝脏和胰腺均有明显病变，且多伴有瘫痪。

防治措施：发病严重区域可使用腺病毒疫苗进行预防，每只0.5毫升。多数情况下，可使用精制卵黄抗体进行预防和治疗，也可使用抗体口服防治，但剂量需要加倍，有一定效果。

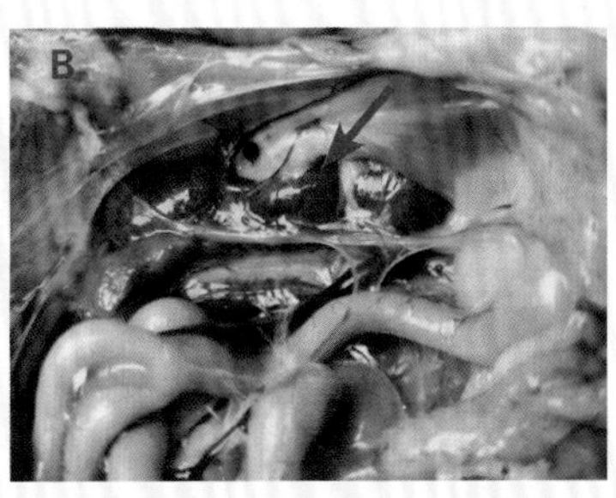

鸭腺病毒病

（A：心包积液；B：肾脏出血）

二十 鸭传染性浆膜炎

病原： 由鸭疫里默氏杆菌引起，以心包炎、肝周炎、气囊炎为主要病变特征的疾病。

常发季节和日龄： 该病一年四季都可能发生，该病首先发生于鸭，也可以感染鹅、鸡等禽类。以10～60日龄常见，但以30日龄内最易发生，死亡率可达50%以上。

临床症状： 发病初期可见病鸭精神委顿、拉黄绿色稀粪，且常出现鼻腔黏液增多、喘气等表现。发病后常见零星死亡，但也可能出现大量死亡的情况，病程可持续2周以上，可见趴卧、翻倒，严重者出现神经症状。耐过鸭正常发育受阻，体型瘦小。

传播途径： 该病主要通过接触传播，其中伤口接触传播是重要传播方式之一。

典型剖检病变： 主要表现为心包炎、肝周炎、气囊炎等症状，有时心包和肝脏周边有黄色胶冻样积液、心脏表面大量纤维素性渗出物导致的绒毛心，有时可见肠道黏膜脱落等。

易混淆疾病：该病易与大肠杆菌病相混淆，较难区分，需要通过实验室鉴别诊断。

防治措施：该病可使用鸭传染性浆膜炎灭活疫苗进行预防，每只0.3～0.5毫升。若发病日龄过早，可使用蜂胶佐剂疫苗预防，每只0.5毫升。若发病，可使用蜂胶佐剂疫苗和敏感抗生素（如头孢喹肟）进行治疗，效果良好。

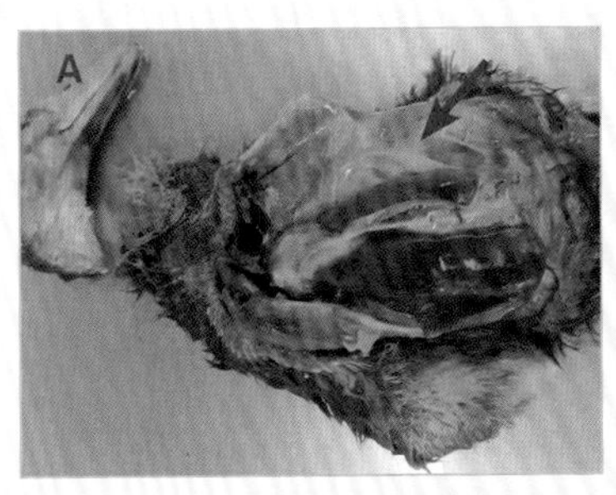

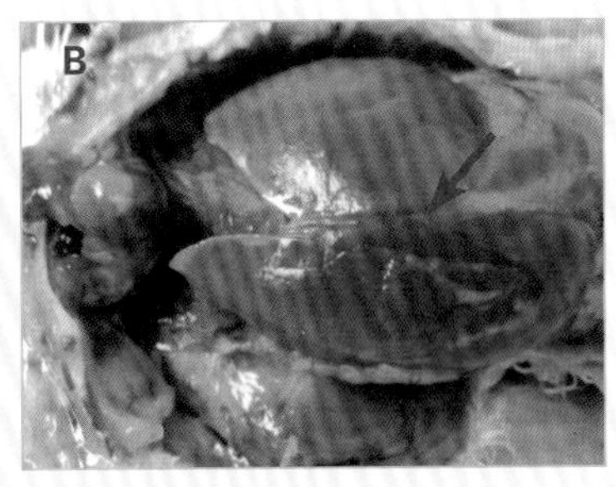

鸭传染性浆膜炎（鸭疫里默氏杆菌病）

（A：心包炎、肝周炎，浆膜偏黄；B：心包炎、肝周炎，浆膜偏白色）

二十一 鸭出败

病原： 由禽多杀性巴氏杆菌引起，以肝脏白色针尖样坏死、心冠脂肪出血、肠道出血、腹部或肠系膜脂肪针尖样出血点为主要病变特征的疾病。

常发季节和日龄： 该病一年四季都可能发生，也可以感染鹅、鸡等多种禽类。30日龄即可发生，但多以60日龄以上常见。

临床症状： 发病初期可见病鸭精神委顿、拉黄色稀粪，且有从零星死亡到骤然死亡增多的表现。使用抗生素治疗后，可短暂停止死亡，随后又出现死亡骤增或零星死亡，病程可持续1月以上，难以自行康复。

传播途径： 该病主要通过接触传播，粪口途径是最重要的传播方式，因此在鱼塘边的散养鸭或者蛋鸭群中较为常见。此外不当引种也会造成该病的传播。

典型剖检病变： 主要表现为肝脏白色针尖样坏死，心冠脂肪出血、肠道出血、腹部或肠系膜脂肪针尖样出血点等出血症状，肝脏常肿大，质脆。部分发病初期病鸭仅出现肝脏肿大，出血和肝脏坏死并不明显，需要结合临床判断。

易混淆疾病：该病易与禽流感相混淆，但结合特征性病变可鉴别诊断，也可通过实验室进行鉴别诊断。禽流感临床病变偶见心冠脂肪出血和全身脂肪出血，但通常会伴有胰腺坏死，该病无明显发病日龄限制。

防治措施：该病可使用禽多杀性巴氏杆菌病灭活疫苗进行预防，每只0.5毫升。若发病日龄较晚，可免疫2～3次，免疫保护期一般在6个月以上。若发病，可使用禽多杀性巴氏杆菌病灭活疫苗（铝胶佐剂）和敏感抗生素（如头孢喹肟）进行治疗，效果良好。

鸭出败

（心脏表面出血、肝脏白色针尖样坏死灶）

鸭梭菌病（鸭坏死性肠炎）

病原：由A型或C型的产气荚膜梭菌感染引起，以便血和肠道黏膜出血、坏死和脱落为特征的传染病。

常发季节和日龄：该病一年四季都有可能发生，以冬、春季最常见。各日龄都可能发生，鸭群受各种应激因素如免疫接种、恶劣的气候条件等刺激后，尤为多见。

临床症状：体质虚弱，食欲降低，伏卧于地，不能站立，头部及翅部羽毛脱落，突然死亡。排黄绿色、暗黑色稀粪，伴有血液、黏液。种鸭可见产蛋率下降或停产，产畸形蛋和软壳蛋。

典型剖检病变：严重时肠管可见肿胀、充血，部分肠管呈暗红色。肠腔内有大量混有血液和液体或脱落的肠黏膜碎片。病程长的肠管黏膜坏死后为黄白色与肠壁紧贴，肠管内充满干酪样坏死物。

易混淆疾病：该病易与鸭球虫、细小病毒病混淆，通常球虫对鸭的危害极小，且极少便血，而细小病毒通常出现典型腊肠样栓子，且对大日龄鸭影响较小。

防治措施：可使用益生菌和中药进行预防，发病后使用敏感药物进行治疗，同时在进行灭活油乳剂疫苗免疫时，应提前添加肠道调节药物，减少应激。

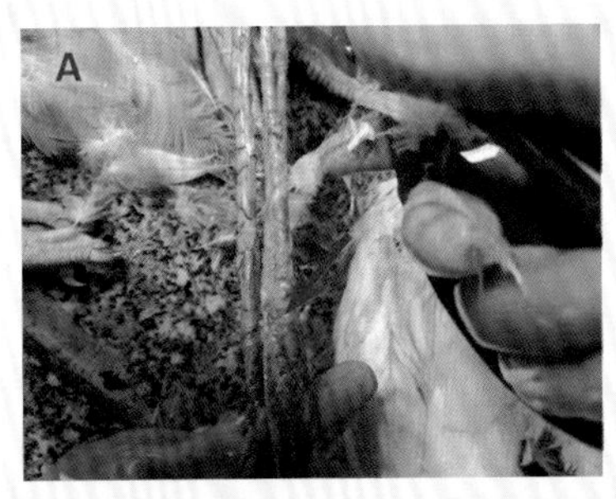

鸭梭菌病（鸭坏死性肠炎）

（A：肠腔内大量混有血液和液体或脱落的肠黏膜碎片；B：肠管黏膜坏死，与肠壁紧贴，充满红色干酪样坏死物）

二十三

鸭霉菌病

病原： 黄曲霉菌、赭曲霉菌等都可能成为该病的致病菌。

常发季节和日龄： 该病一年四季都有可能发生，以冬、春季最常见。各日龄都可能发生，但以雏鸭和产蛋期鸭多见，且环境应激影响发病程度。

临床症状： 主要表现为精神委顿，张口呼吸，零星死亡。

典型剖检病变： 肺脏、气囊出现灰黑色、黄白色霉斑，呈颗粒状或者不规则扁平状，有的可见菌丝生长。肝脏可见数量不一、形状不规则的黄白色坏死灶。

易混淆疾病： 该病易与大肠杆菌、沙门氏菌等导致的肺脏颗粒病变混淆，但霉菌通常可见多处霉斑，可见菌丝生长，形态易于辨识。

防治措施： 加强对孵化环节消毒，可使用含醛的消毒剂熏蒸。发病后的鸭群可用制霉菌素等治疗，但通常治疗效果不佳，应激后极易复发，以淘汰为佳。同时加强养殖场通风、温湿度控制，减少霉菌滋生的机会。

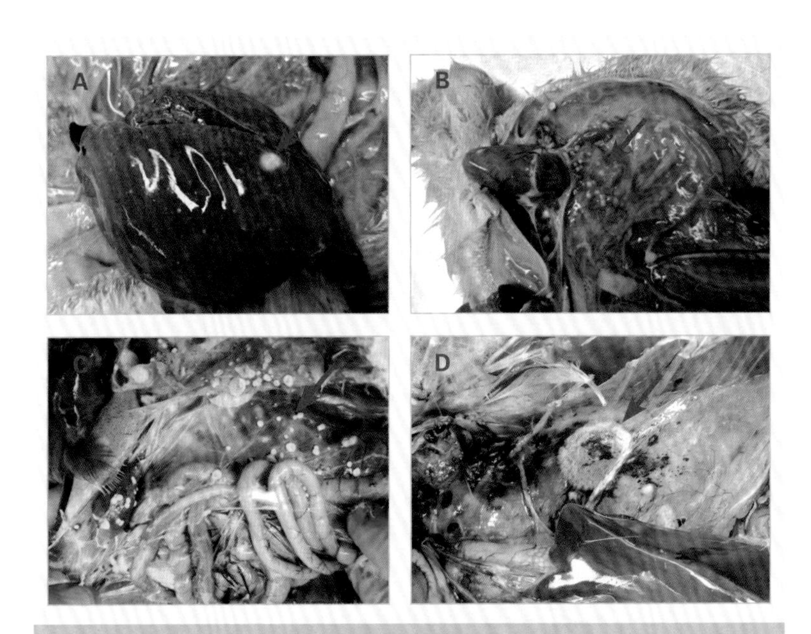

鸭霉菌病

（A：肝脏黄白色坏死灶；B：肺脏大量结节颗粒；C：气囊黄白色大小不一扁平霉菌斑；D：气囊灰黑色霉菌斑，可见菌丝生长）